**Bibliografische Information der Deutschen Nationalbibliothek:**

Die Deutsche Bibliothek verzeichnet diese Publikation in der Deutschen National-
bibliografie; detaillierte bibliografische Daten sind im Internet über http://dnb.d-
nb.de/ abrufbar.

**Impressum:**

Copyright © 2017 GRIN Verlag, Open Publishing GmbH
Druck und Bindung: Books on Demand GmbH, Norderstedt Germany
ISBN: 9783668462441

**Dieses Buch bei GRIN:**

http://www.grin.com/de/e-book/367266/problemloesen-mit-kognitiven-und-
megakognitiven-lernstrategien-mathematik

Sevim Toker

# Problemlösen mit kognitiven und megakognitiven Lernstrategien (Mathematik Sek I)

GRIN Verlag

## GRIN - Your knowledge has value

Der GRIN Verlag publiziert seit 1998 wissenschaftliche Arbeiten von Studenten, Hochschullehrern und anderen Akademikern als eBook und gedrucktes Buch. Die Verlagswebsite www.grin.com ist die ideale Plattform zur Veröffentlichung von Hausarbeiten, Abschlussarbeiten, wissenschaftlichen Aufsätzen, Dissertationen und Fachbüchern.

## Besuchen Sie uns im Internet:

http://www.grin.com/

http://www.facebook.com/grincom

http://www.twitter.com/grin_com

Fakultät für Bildungswissenschaften

Institut für Psychologie

Lehrveranstaltung: Projektwerkstatt: Theorie-Praxis-Projekt

Erstellerin: Sevim Toker

Datum: 28.03.2017

# Theorie-Praxis-Projekt zur Thematik:

## Unterrichtsreihe zur Förderung von kognitiven und metakognitiven Lernstrategien für das Problemlösen im Mathematikunterricht in der Sek I

## Forschungswerkstatt BiWi Modul MC

**- WiSe 2016/2017 –**

# Inhaltsverzeichnis

# 1. Bedeutung der Thematik und Darstellung der Zielvorstellung

Die Analyse und Optimierung von Lern- und Lehrprozessen im Unterricht steht im Mittelpunkt didaktischer und unterrichtlicher Überlegungen. Dabei spielt der Aufbau von Lernkompetenzen eine zentrale Rolle. Die Verwendung von Strategien des Lernens (und auch des Lehrens) gilt als wichtige Einflussgröße und wesentliche Bedingung, wenn es um erfolgreiches, insbesondere selbstgesteuertes Lernen geht. Die Lehr- und Lernforschung zeigt nämlich, dass gerade Lernstrategien von Lernenden eine herausragende Bedeutung für Lehr- und Lernprozesse in schulischen, aber auch außerschulischen Lernorten haben. Ein Heranwachsender, der weiß, wie er sich neues Wissen erschließen kann, lernt effektiver und eigenständiger, als diejenigen, die über diese Fähigkeiten nicht verfügen.[1] Die besondere Stellung von Lernstrategien erschließt sich damit vor allem auch aus der zentralen Rolle, die „sie für den lebenslangen Prozess des Lernens und Weiterlernens... spielt".[2] So ist in der pädagogisch-psychologischen Forschung die Frage in den Vordergrund gerückt, wie Lernende befähigt werden können, ihr Lernen selbst in die Hand zu nehmen und Strategien zu entwickeln, die das Lernen und insbesondere Problemlöseprozesse stützen können.

Die gegenwärtige Schulpraxis zeigt jedoch, dass Lernstrategien und ihre Vermittlung einen untergeordneten Stellenwert einnehmen: so deuten die Ergebnisse der internationalen Vergleichsstudien PISA und TIMSS darauf hin, dass neben den fachspezifischen Kompetenzen unter anderem die Fähigkeiten zum selbstregulierten und problemlösenden Lernen deutscher Schüler[3] unter dem internationalen Durchschnitt liegen.[4] Wenn aber Lernstrategien die Rolle von Schlüsselkompetenz zukommt, so liegt die Aufgabe von Lehrkräften darin, ein fundiertes Wissen über grundlegende Kategorien von Lernstrategien sowie einen guten Überblick über mögliche Ausdifferenzierungen und Anwendungsmöglichkeiten dieser Strategien aufzubauen, sodass Lernende am Ende ihrer Schulzeit über ein breites und gut trai-

---

[1] Artelt, C./ Moschner, B. (2005): Lernstrategien und Metakognition: Implikationen für Forschung und Praxis – Einleitung. S. 7.

[2] Artelt, C./ Wirth, J. (2014): Kognition und Metakognition. In: Seidel t./Krapp, A. (Hrsg.): Pädagogische Psychologie, 6. Aufl. Weinheim/Basel: Beltz, 167–192, S. 187

[3] Um den Lesefluss nicht zu beeinträchtigen, wird hier und im folgenden Text zwar nur die männliche Form (Schüler, Lehrer) genannt, stets aber die weibliche Form gleichermaßen mitgemeint.

[4] vgl. Leopold, C./ Leutner, D. (2002): Der Einsatz von Lernstrategien in einer konkreten Lernsituation bei Schülern unterschiedlicher Jahrgangsstufen. In: Prenzel, M. (Hrsg.): Bildungsqualität von Schule: Schulische und außerschulische Bedingungen mathematischer, naturwissenschaftlicher und überfachlicher Kompetenzen. Weinheim: Beltz (Zeitschrift für Pädagogik, Beiheft 45), S. 240

niertes Repertoire von Lernstrategien verfügen.

Hier setzt die vorliegende Theorie-Praxis-Arbeit an. Das Ziel ist, ausgehend von konzeptuellen Überlegungen anhand einer Unterrichtsreihe mit Aufgabenbeispielen und Materialien ein Problemlösetraining zu entwickeln, dass praktische Möglichkeiten zur Förderung von kognitiven und metakognitiven Lernstrategien für das Problemlösen im Mathematikunterricht aufzeigt.

Hierfür soll an erster Stelle ein fundierter Einblick in die theoretischen Grundlagen der Thematik sowie ein Einblick in den aktuellen Forschungsstand gegeben werden. Auf dieser Grundlage folgt die Darstellung der praktischen Überlegungen zur Förderung von Lernstrategien im Mathematikunterricht (Kapitel 3). Die Arbeit schließt mit einer Diskussion der Chancen und Grenzen des eruierten Lernstrategietrainings und mit einem Ausblick (Kapitel 4).

## 2. Theoretische Grundlagen

Um verstehen zu können, wie Lernstrategien im Mathematikunterricht das Lernen unterstützen können, erscheint es sinnvoll, zunächst eine Definition des allgemeinen Lernbegriffs voranzustellen und anhand ihrer Merkmale zu konkretisieren, was unter Lernstrategien aus kognitionspsychologischer Sicht verstanden wird und was sie im Zusammenhang des mathematischen Problemlösens bedeuten. Schließlich soll ein Überblick über den derzeitigen Stand der Lernstrategien-Forschung gegeben werden, bei dem die Bedeutung von Lernstrategien als Bedingung erfolgreichen Lernens herausstellt wird.

### 2.1 Der Lernbegriff

Bezogen auf den Lernbegriff existieren in der Literatur eine große Anzahl verschiedener Definitionsansätze, die unterschiedliche Facetten des menschlichen Lernens hervorheben.[5] Vor dem Hintergrund der Zielsetzung der Arbeit ist es nicht sinnvoll, das gesamte Spektrum der Definitionsansätze ganzheitlich also in all ihren Facetten zu erfassen. Stattdessen ist die Intention, einen Überblick über die signifikanten Aspekte aus der Definitionslandschaft zu ge-

---

[5] vgl. Edelmann, W. (2000): Lernpsychologie. 6. Aufl. Weinheim: Beltz, S. 276

ben, die für das Verständnis von Lernstrategien von Bedeutung sind.

Das gemeinsame und wesentliche Merkmal aller Ansätze (vor allem des lernpsychologischen Ansatzes) ist, dass unter dem Lernen allgemein eine Erfahrungsbildung bzw. ein Erfahrungsprozess verstanden wird, der zu einer relativ langfristigen Verhaltensänderung führt.[6] Diese Erfahrungen gewinnen wir entweder unmittelbar oder sie werden uns sozial vermittelt. Die Auseinandersetzung mit der Umwelt kann wiederum durch externe Reize kontrolliert oder durch planvolles Handeln durch das Individuum aktiv ausgestaltet werden. Dabei ist der Lernbegriff von biologischen, genetischen Verhaltensdispositionen wie beispielsweise Reflexe, Prägung, Instinkte oder Reifung abzugrenzen.[7]

Auf kognitionspsychologischer Ebene bedeutet Lernen *Verarbeitung* von *Informationen.*[8] Das präskriptive informationstheoretische Lehr-Lern-Prozessmodell beschreibt den Vorgang des Lernens als eine Folge von Stationen von Lernprozessen, bei dem das Subjekt selbst aktiv Informationen (bzw. Erfahrungen) aus der Umwelt verarbeitet bzw. konstruiert. Dabei gibt es vier zentrale Stadien dieses Informationsverarbeitungsprozesses:[9] die Informationsaufnahme, die Verarbeitung und Speicherung der Informationen sowie ihr Transfer auf neue Zusammenhänge. Die Aufnahme der Informationen erfolgt im Kurzzeit- oder Arbeitsgedächtnis und die Speicherung im Langzeitgedächtnis. Der Ablauf der kognitiven Prozesse und die Aufrechterhaltung der Lernmotivation werden durch metakognitive Prozesse überwacht und gesteuert.

## 2.2 Kognitionspsychologische Kategorisierung von Lernstrategien

Der Begriff *Lernstrategie* ist seit langer Zeit ein Untersuchungsgegenstand der Psychologie, vor allem im Bereich der Problemlöse- und Begriffsbildungsforschung. Ein eingehender Blick in die Literatur zeigt, dass sich viele Bedeutungsvarianten des Lernstrategiebegriffs finden lassen. Lernstrategien bezeichnen also kein einheitliches Konstrukt, sondern lassen sich aus unterschiedlichen theoretischen Denkrichtungen definieren und kategorisieren. Gleichwohl ist den meisten aktuellen Definitionen die Funktion bzw. Grundidee von Lernstrategien ge-

---

[6] vgl. ebd.

[7] vgl. ebd.

[8] vgl. Klauer, K.J./ Leutner, D. (2012): Lehren und Lernen – Einführung in die Instruktionspsychologie. Weinheim: Beltz, S. 44

[9] vgl. ebd.

meinsam, nämlich, dass „man viele Aspekte des eigenen Lernens durch strategisches Verhalten selbst beeinflussen [kann]."[10] Lernstrategien dienen dem geplanten und kontrollierten Bearbeiten von Lerninhalten und Problemen, unterstützen und optimieren damit also einen Lernprozess. In diesem Sinne werden Lernstrategien von Mandl und Friedrich als „jene Verhaltensweisen und Gedanken [bezeichnet], die Lernende aktivieren, um ihre Motivation und den Prozess des Wissenserwerbs zu beeinflussen und zu steuern."[11]

Lernstrategien sind also persönliche Ressourcen, die der Lernende zur Erreichung von Lernzielen gezielt einsetzt. Die Funktion ist also, die Informationsverarbeitung aktiv und zielgerichtet zu steuern, sodass der Lernende adaptiv auf Veränderungen reagieren kann, um die Lerneffizienz zu steigern. Nach der Definition von Mandl und Friedrich sind nicht nur kognitive, sondern auch solche Strategien, welche die Beeinflussung des motivationalen und affektiven Zustands zum Ziel haben, als Lernstrategien zu verstehen. Insofern spielen Lernstrategien bei der Entwicklung der Fähigkeit zum selbstregulierten Lernen eine zentrale Rolle. Dabei ist die Bewusstheit der Ausführung ein notwendiges Merkmal einer Strategie: „Zufällige Handlungen und Kognitionen oder solche, die kontraproduktiv sind, werden demnach nicht als Lernstrategien bezeichnet."[12]

Auch im Hinblick auf die Klassifikation von Lernstrategien werden in der Literatur in Abhängigkeit des Untersuchungsgegenstandes und den theoretischen Positionen verschiedene Vorschläge bzw. Ansätze unterbreitet.[13] So unterscheiden Wild und Schiefele *kognitive* Lernstrategien, *metakognitive* Lernstrategien und *ressourcenbezogene* Lernstrategien.[14]

Das Ziel kognitiver Lernstrategien ist die Unterstützung und Optimierung der Informationsaufnahme, -verarbeitung und -speicherung.[15] Dazu zählen die Organisation, Elaboration und Strukturierung von Informationen, Herstellung von logischen Zusammenhängen, das kritische Prüfen bzw. Hinterfragen, um Fehler zu erkennen und bessere Lösungen und Erklärun-

---

[10] Mandl, H./ Friedrich, H.F. (2006): Lernstrategien: Zur Strukturierung des Forschungsfeldes. In: Friedrich, H.F./ Mandl, H.: Handbuch Lernstrategien. Göttingen: Hogrefe, S. 1 [Veränderung durch Verfasserin]

[11] ebd. [Veränderung durch Verfasserin]

[12] Pierre-Yves, M./ Nicolaisen, T. (2015): Einführung und Grundlagen. In: Pierre-Yves, M./ Nicolaisen, T.: Lernstrategien fördern - Modelle und Praxisszenarien. Weinheim: Beltz Juventa, S. 12

[13] vgl. Artelt, C. (2000): Strategisches Lernen. Münster: Waxmann.

[14] vgl. Wild, K.P., Schiefele, U. (1994): Lernstrategien im Studium. Ergebnisse zur Faktorstruktur und Reliabilität eines neuen Fragebogens. Zeitschrift für Differentielle und Diagnostische Psychologie. S. 15, vgl. Leopold, C./ Leutner, D. (2002), S. 241ff

[15] vgl. Pierre-Yves, M./ Nicolaisen, T. (2015), S. 23

gen zu finden. Letztlich ist das effiziente Wiederholen (mithilfe von Mnemotechniken) als kognitive Lernstrategie zu nennen.

Metakognitive Lernstrategien fungieren als übergeordnete Kontrollmechanismen für den erfolgreichen Lernprozess, damit dieser indirekt besser beeinflusst werden kann. Sie unterstützen den Aufbau vom allgemeinen Lernwissen. Wild und Schiefele unterscheiden bei dieser Lernstrategie-Kategorie zwischen Planung (Auswahl, Umfang und Reihenfolge des Lernstoffs), Überwachung (Ziele setzen und den Lernprozesses anhand der gesetzten Ziele kontrollieren) und Regulation (Fähigkeit des adaptiven Anpassens des Lernverhaltens).[16] Es geht also um die Fragen: 'Was möchte ich wann lernen?' (Planung), 'Habe ich den Lernstoff verstanden?' (Kontrolle) und 'Was muss ich tun, damit mein Lernerfolg größer wird?' (Regulation). Metakognitive Lernkompetenz ist insofern für das selbstregulierte Lernen von großer Bedeutung.[17]

Bezogen auf ressourcenbezogene Lernstrategien wird zwischen internen und externen Strategien unterschieden.[18] Zu den internen Ressourcen zählen das Bereitstellen der Konzentration, Anstrengung und das Zeitmanagement einer Person. Die Optimierung der Lernumwelt (z.B. Schreibtisch aufräumen), die Zuhilfenahme von Literatur oder in schwierigen Lernsituationen gemeinsam mit anderen zu lernen und andere um Hilfe zu bitten werden unter den externen Ressourcen subsumiert.

Neben dieser allgemeinen Kategorisierung lassen sich Strategien auf eine fächerspezifische Ebene übertragen. Im folgenden Kapitel wird es vor allem darum gehen, die fachspezifische Komponente der Lernstrategien im Zusammenhang des mathematischen Problemlösens herauszukristallisieren.

## 2.3 Lernstrategien beim mathematischen Problemlösen

Für die Fachdidaktik Mathematik stellt das Problemlösen ein wichtiges Forschungsgebiet dar. Es ist in den Lehrplänen und Bildungsstandards verankert.[19] *Mathematisches Problemlösen* wird als eigenständiger Kompetenzbereich ausformuliert. Es handelt sich dabei um ein

---

[16] vgl. vgl. Leopold, C./ Leutner, D. (2002), S. 241ff

[17] vgl. ebd.

[18] Mandl, H./ Friedrich, H.F. (2006), S. 297

[19] vgl. Blum, W. et al. (2006): Bildungsstandards Mathematik: konkret – Sekundarstufe I: Aufgabenbeispiele, Unterrichtsanregungen, Fortbildungsideen. Berlin: Cornelsen, S. 39

mathematisches Problem, „wenn eine Lösungsstruktur nicht offensichtlich ist und dement-sprechend ein strategisches Vorgehen bei der Bearbeitung notwendig ist."[20]

Lompscher formuliert eine Theorie der geistigen Tätigkeit, die beim Lösen eines Problems eine zentrale Rolle einnimmt.[21] Diese geistige Tätigkeit definiert sich als „die subjektive Wi-derspiegelung der objektiven Realität, deren Ziel und deren Inhalt das Gewinnen von Er-kenntnis ist."[22] Sie kann durch verschiedene ´Indikatoren´ beschrieben werden. Sie beginnt damit, dass sich eine Person ein Ziel und Motiv setzt. Wenn man dies mit dem mathemati-schen Problemlösen in Beziehung setzt, könnte das Ziel das *Lösen* des Problems und das Mo-tiv die *Förderung* der Problemlösefähigkeit sein. Zur Förderung der Problemlösekompetenz postuliert Lompscher folgende fünf Punkte als notwendig:[23]

- *Planmäßigkeit*: Fähigkeit, ein Problem in Teilkomponenten zu zerlegen und zielge-richtet vorzugehen;
- *Exaktheit*: Fähigkeit, Wichtiges von Unwichtigem zu trennen;
- *Selbstständigkeit*: Fähigkeit ein Problem bzw. eine Fragestellung eigenständig zu formulieren, zu lösen und zu evaluieren;
- *Aktivität*: Grad der Auseinandersetzung mit einer Aufgabe und ihrer Lösung;
- *Beweglichkeit*: für Problemlösekompetenz von besonderer Bedeutung (nähere Aus-führung folgt)

Diese Aspekte sind die Qualitäten des Verlaufs der geistigen Tätigkeit. Wie bereits angedeu-tet wurde, kommt der geistigen Beweglichkeit eine bedeutende Rolle im Zusammenhang des Problemlösens zu. Sie äußert sich nach Lompscher

„in dem Vermögen, mehr oder weniger leicht von einem Aspekt der Betrachtung zu einem anderen überzuwechseln beziehungsweise einen Sachverhalt oder eine Komponente in verschiedene Zusammenhänge einzubetten, die Relativität von Sachverhalten zu erfassen. Sie ermöglicht es, Beziehungen umzukehren, sich mehr oder weniger leicht oder schnell auf neue Bedingungen der geistigen Tätigkeit einzustellen oder gleichzeitig mehrere Ob-

---

[20] ebd.
[21] vgl. Lompscher, J. (1975): Theoretische und experimentelle Untersuchungen zur Entwicklung geistiger Fähig-keiten. Berlin: Volk und Wissen, S.17
[22] ebd., S.17
[23] ebd., S.36

Die Vorgehensweisen, die sich aus diesen Überlegungen ableiten lassen, können durch Prinzipien und Strategien sukzessiv bewusst gemacht werden, die verschiedene Strategieelemente zur Bearbeitung mathematischer Probleme darstellen und zur Lösung ebendieser bedeutsam sind. Es wird davon ausgegangen, dass sich eine mangelnde Problemlösekompetenz bzw. geringer ausgebildete geistige Beweglichkeit durch die Aneignung durch Lernstrategien zum Teil kompensiert werden kann.

Bezogen auf den mathematischen Kontext lassen sich vier wesentliche Faktoren geistiger Beweglichkeit beschreiben:[25]

- *Reduktion* (Fähigkeit zu vereinfachen und Teilaspekte zu betrachten)
- *Reversibilität* (Fähigkeit Gedankengänge umzukehren)
- *Aspektbetrachtung* (gleichzeitiges Beachten mehrerer Aspekte bzw. Abhängigkeit von Dingen erkennen und gezielt variieren) und
- *Aspektwechsel* (Fähigkeit Sachverhalte umzustrukturieren oder unter einem anderen Blickwinkel zu betrachten)

Diese Faktoren können durch sogenannte heuristische Strategien bzw. Prinzipien, die als Hilfsmittel dienen, und über eine größere Methodenbewusstheit erreicht werden. Schülern sollen diese Heurismen vermittelt werden, sodass sie letztendlich dazu befähigt werden, sie kontextangemessen anzuwenden. Die nachfolgende tabellarische Darstellung gibt einen Überblick über die vorgestellten Merkmale und die dazu zugeordneten heuristischen Prinzipien.

| Merkmal | Heuristisches Vorgehen |
| --- | --- |
| Reduktion | Heuristische Hilfsmittel |
| Reversibilität | Vorwärts- und Rückwärtsarbeiten |
| Aspektbetrachtung | Systematisches Ausprobieren |
| Aspektwechsel | Kombiniertes Vorwärts- und Rückwärtsarbeiten |

Im Hinsicht auf die Klassifikation lassen sich diese mathematischen Problemlösestrategien

---

[24] ebd., S. 36
[25] vgl. Blum et al. (2006), S.39

9

als kognitive Strategien klassifizieren und dienen in diesem Sinne der direkten Unterstützung und Optimierung kognitiver Prozesse im Zusammenhang mathematischer Problemlösekompetenz. Wenn die Schüler gleichzeitig zur Selbstbeobachtung und zur bewussten und reflexiven Steuerung des eigenen Lernverhaltens angeregt werden, kann eine Förderung von metakognitiven Lernstrategien (Planung, Überwachung, Regulation) bewirkt werden. Dies kann durch den Einsatz von Lerntagebüchern als Anregung zur Selbstbeobachtung intendiert werden.[26]

Nun wird der Blick auf den derzeitigen Stand der Lernstrategie-Forschung gerichtet.

## 2.4 Darstellung des Forschungsstandes

In der Lernstrategieforschung wurde in zahlreichen Studien mittels Fragebogenuntersuchungen der Frage nachgegangen, inwiefern Lernstrategien, vor allem Tiefenverarbeitungsstrategien als Prädiktor für Lernerfolg gesehen werden können. Bilanzierend betrachtet liefern die Studien keine einheitlichen Hypothesen. Es lässt sich keine eindeutige Antwort formulieren, ob und wie sich der Einsatz von Lernstrategien im Lernerfolg der Schüler widerspiegeln. Allerdings muss betont werden, dass überwiegend in älteren Studien die Wirksamkeit von Lernstrategien in Abrede gestellt wird[27] während sie in der aktuellen Forschungsliteratur (ab dem Jahre 2000) insgesamt als wichtige Einflussgröße für nachhaltigen Lernerfolg postuliert werden. Im Folgenden werden prägnante Ergebnisse ausgewählter Studien zusammenfassend dargestellt und diskutiert.

Eines der Studien, die keine signifikanten Effekte auf den Lernerfolg der Lernenden feststellen konnten, ist die deutschsprachige längstschnittlich angelegte Untersuchung von Baumert et al. (1993).[28] In dieser wurden als Kriterium für die Effektivität von Lernstrategien die Schulnoten der Lernenden, die über ein breites Repertoire an Lernstrategien verfügten, herangezogen. Es zeigte sich allerdings keine Bestätigung der Wirksamkeit von Lernstrategien. Vergleichbare Ergebnisse lieferte auch die Untersuchung von Schiefele, Wild und Winteler

---

[26] vgl. Holzäpfel, L. et al. (2009): Lerntagebücher im Mathematikunterricht: Diagnose und Förderung von Lernstrategien. In: M. Neubrand (Ed.), Beiträge zum Mathematikunterricht, 659-662, Münster: Martin Stein, S. 4

[27] vgl. Krapp, A. (1993): Lernstrategien: Konzepte, Methoden und Befunde. Zeitschrift für Lernforschung. 21. Jahrgang, Heft 4, 291-311, S. 301ff

[28] vgl. Seidel, T. (2003): Lehr- und Lernskripts im Unterricht. Münster: Waxmann, S. 24

(1995).[29]

Im Gegensatz dazu liegen in zahlreichen aktuellen Studien aus der Lehr- und Lernforschung Ergebnisse vor, dass Lernende, die auf geeignete Lernstrategien beim Problemlösen zurück-greifen, insgesamt deutlich bessere Schulleistungen zeigen, als Lernende, die weniger Vo-raussetzungen in diesem Bereich mitbringen.[30] In der Studie von Leopold und Leutner (2002) zeigten sich Korrelationsmuster zwischen Strategie und Lernerfolg, bei dem ein altersbeding-ter Anstieg auftrat.[31] Sie betonen, dass sich bei einem Training, bei dem Problemlösestrate-gien vermittelt wurden, ein positiver Einfluss auf das allgemeine mathematische Problemlö-sen nachweisen lässt.

Eine psychologische Studie von Murayama aus dem Jahre 2013 analysierte, wie sich die Va-riablen Motivation, kognitive Lernstrategien und Intelligenz auf die Entwicklung der Leistung in Mathematik in den Jahrgangsstufen fünf bis zehn auswirkt.[32] Es stelle sich heraus, dass die Leistungen zwar stark von der Intelligenz abhängig sind, die Schlüsselfunktion für die Leis-tungsentwicklung waren jedoch die Motivation und die kognitiven Lernstrategien (Tie-fenstrategien).[33] Weiterhin weisen Gruber und Stamouli darauf hin, dass die Mathema-tikleistung in der 11. Klasse im engen Zusammenhang mit der Mathematikleistung der Grundschule steht. Sie kommen zu dem Schluss, dass eine langjährige Auseinandersetzung mit mathematischen Problemen zu einer Verbesserung der mathematischen Leistungen führt und betonen deshalb, die Lernenden zum einen Strategiewissen erwerben und zum anderen lernen sollten, wie sie diese einsetzen.[34]

Die prägnanteste Aussage ist den PISA-Ergebnisanalysen zu entnehmen: Bei Schülern, mit einem breiten Repertoire an Lernstrategien (starker Motivation und hohem Selbstvertrauen) ist die Wahrscheinlichkeit, gute Leistungen in der Schule zu erzielen, größer als bei anderen Lernenden. Die PISA-Untersuchungen innerhalb dieser Kategorien bekräftigen, dass zwi-

---

[29] vgl. ebd.

[30] vgl. Hellmich, F. (2006): Gewusst wie – Lernstrategien von Kindern. In: Zeitschrift für Grundschule. Lernstra-tegien erkennen und fördern. Westermann, Ausgabe Juli, Heft 7-8, S. 47

[31] vgl. Leopold, C./ Leutner, D. (2002), S. 254f

[32] vgl. Murayama, K.; Pekrun, R., Lichtenfeld, S. and vom Hofe, R. (2013). Predicting Long- Term Growth in Stu-dents' Mathematics Achievement: The Unique Contributions of Motivation and Cognitive Strategies. In: Child Development Volume 84, Issue 4, S. 1475 – 1490, July/August 2013, S.1484

[33] vgl. ebd.

[34] vgl. Gruber, H./ Stamouli, E. (2015): Intelligenz und Vorwissen. In: Wild, E./ Möller, J. (Hrsg.): Pädagogische Psychologie, 2.Auflage, Heidelberg: Springer, S. 37

schen diesen Faktoren und der gemessenen Leistung ein signifikanter Zusammenhang besteht.[35]

Bilanzierend betrachtet zeichnen die Ergebnisse aus der Forschung divergierende Befunde.
Jedoch ist anzumerken, dass negative Befunde inzwischen 'veraltet' sind und aktuellere Studien diese durch tiefergehende Analysen (wie z.B. große internationale Bildungsstudien)
entkräften und neue Perspektiven stark machen. So lässt sich als Fazit festhalten, dass die
Vermittlung von Lernstrategien eine herausragende Bedeutung für Lehr- und Lernprozesse
einnimmt.

Auf Grundlage der eruierten zentralen theoretischen Grundlagen, sollen nun praktische
Handlungsmöglichkeiten zur Förderung von Lernstrategien im Mathematikunterricht entwickelt werden.

# 3. Theorie-Praxis-Transfer

Ein nachhaltiges Problemlösenlernen im Mathematikunterricht erfordert ein systematisches
und gut durchdachtes Vorgehen der Lehrkraft. Hierfür sind auf praktischer Ebene Vorüberle-
gungen zu konkreten Vorstellungen zu den Zielen und Teilzielen der Strategieentwicklung
notwendig, um sie in der Unterrichtsarbeit sukzessiv verwirklichen zu können. Deshalb wird
nun die methodische Herangehensweise und die Ziele des Problemlösetrainings näher in den
Blick genommen.

## 3.1 Direkte vs. Indirekte Förderung des Einsatzes von Lernstrategien

Nückles und Wittwer unterscheiden zwischen *direkter* und *indirekter* Förderung von Lernstrategien.[36] Bei der direkten Förderung werden die Strategien explizit zum Gegenstand gemacht und systematisch eingeübt. Direkte Fördermaßnahmen erweisen sich vor allem bei
unbekannten Lernstrategien als sinnvoll. Wenn die Lernenden bereits über bestimmte Lernstrategien verfügen, dann bietet sich die indirekte Förderung an. Hierbei sollten Lernumge-

---

[35] vgl. Artelt, C. et al. (2004): Das Lernen lernen - Voraussetzungen für lebensbegleitendes Lernen – Ergebnisse
von Pisa 2000. OECD, S.23
[36] vgl. Nückles, M./ Wittwer, J. (2014): Lernen und Wissenserwerb. In: Seidel, T./ Krapp, A. (Hrsg.): Pädagogische Psychologie, 6.Auflage, Weinheim/Basel: Springer, 225-252, S.240f

bungen und Lehrmaterial so vorbereitet sein, so dass Lernende zum selbstgesteuerten Lernen angeregt werden.[37]

„Die durch Lernstrategietraining (direkte Förderung) erworbene Kompetenz verkümmert, wenn sie nicht auf Lernumgebungen trifft, in denen sie herausgefordert wird, in denen Aufgaben gestellt werden, welche die strategische Kompetenz abrufen (indirekte Förderung)."[38] Das Zitat macht deutlich, dass eine isolierte, direkte Form der Förderung von Strategien generell abzulehnen ist. Stattdessen wird die indirekte Vermittlung im Zusammenhang mit dem Erwerb neuer Lerninhalte befürwortet. Sie dienen damit als Vehikel zur Problemlösung und unterstützen den eigentlichen Lernprozess.

Es ist bisher deutlich geworden, dass die Auseinandersetzung mit der Bedeutung von Lernstrategien für das Lernen erst dann Relevanz zeigt, wenn Lernen als ein aktiver, von den Lernenden selbst bestimmter und regulierter Prozess betrachtet wird. So soll die angedachte Unterrichtsreihe zum Problemlösenlernen überwiegend auf Basis einer indirekten Förderung konzipiert werden.

## 3.2 Unterrichtskonzept zum Problemlösenlernen

Kognitive Strategien können generell nicht im Sinne von ´Verfahrensregeln´ innerhalb einzelner Unterrichtsstunden erlernt bzw. auswendig gelernt werden.[39] Für einen nachhaltigen Kompetenzerwerb sollten sie über einen langen Zeitraum und nach dem curricularen Spiralprinzip aufgebaut werden. Hierfür erweist sich das folgende Modell zum Erwerb heuristischer Strategien als geeignet, das von Bruder vorgeschlagen wird.[40]

### 1. Phase: Gewöhnen

In der ersten Phase soll es darum gehen, dass sich die Lernenden an Heurismen über das Verwenden der typischen Fragestellungen durch die Lehrkraft gewöhnen sollen. Die Lernen-

---

[37] vgl. ebd.

[38] Mandl, H./ Friedrich, H.F. (2006), S.16

[39] vgl. Bruder, R. (2006): Langfristiger Kompetenzaufbau. In: Blum, W. et al. (Hrsg.): Bildungsstandards Mathematik: konkret. Sekundarstufe I: Aufgabenbeispiele, Unterrichtsanregungen, Fortbildungsideen. Berlin: Cornelsen Scriptor, S.135-151

[40] Die folgenden Ausführungen beziehen sich auf Bruder, R. (2002): Lernen, geeignete Fragen zu stellen. Heuristik in Mathematikunterricht. In: mathematik lehren 115, Friedrich Verlag.

den sollen dazu angeleitet werden, Vorgehen zu reflektieren: Worum geht es? Was weiß ich schon über das Problem? Welche Methoden und Techniken stehen mit zur Verfügung? Welche eignen sich für dieses Problem?

## 2. Phase: Bewusstmachen

Das Ziel dieser Phase ist, dass heuristische Elemente anhand von überzeugenden Musterbeispielen bewusstgemacht werden. Lernende sollen ´Aha-Erlebnisse´ und Gelingen erleben. Diese sollen durch geeignete Hürden und auch Lernangebote zum Überwinden dieser Hürden initiiert werden. Es kann nicht davon ausgegangen werden, dass Lernende immer zur Lösung geeignete Heurismen selbst entdecken. Deshalb ist es notwendig, Lernenden Lösungsansätze vorzustellen und die Kernidee einer Strategie herauszuarbeiten.

## 3. Phase: Zeitweilig bewusste Anwendung

Die neu kennengelernten Strategien sollen an geeigneten Aufgaben eingeübt und gezielt angewendet werden. Dabei können die Lernenden auch neue Strategien ausprobieren. In dieser Phase sollten differenzierte Aufgaben mit unterschiedlichen Schwierigkeitsniveaus bereitgestellt werden, sodass jeder individuell die Nützlichkeit von Heurismen erkunden kann.

## 4. Phase: Schrittweise bewusste Kontexterweiterung

Das Hauptziel ist, Lernende dazu zu befähigen, erlernte Heurismen unterbewusst anzuwenden, diese also gewissermaßen zu internalisieren und die mangelnde geistige Beweglichkeit dadurch zu kompensieren. Dabei ist es wichtig, dass neue erweiternde Anwendungsfelder sukzessiv erweitert werden. Typische Fragestellungen und Strukturen sollen hier auf andere mathematische Kontexte angewendet werden, damit ein Bewusstsein für die Tragweite und das Potenzial der Strategien geschaffen wird.

## 3.3 Ziele des Konzepts zum Problemlösenlernen

Mithilfe der angedachten Unterrichtsreihe wird das Ziel verfolgt, das Problemlösen mithilfe von Lernstrategien zu unterstützen und zu optimieren. Es geht dabei darum, realistische und sinnvolle Lernziele für alle Lernenden zu formulieren. Vor diesem Hintergrund sollen folgende zentrale Ziele erreicht werden:

Die Schüler kennen

- *kognitive* Lernstrategien (→ Problemlösestrategien (Heurismen)) zur Verbesserung der mathematischen Problemlösekompetenz und können diese situationsgerecht anwenden

- *metakognitive* Strategien und können ihr Lernverhalten durch Selbstbeobachtung bewusst und reflexiv steuern (→ durch den Einsatz des Lerntagebuchs)

Neben diesen Hauptzielen werden gleichzeitig innermathematische Kompetenzen gefördert, da jedoch die Förderung der Lernstrategien den Kern der vorliegenden Arbeit darstellt, werden sie hier nicht thematisiert.

## 3.4 Unterrichtsreihe zum Problemlösetraining mit Aufgaben und Materialien

Das angedachte Problemlösetraining besteht aus insgesamt vier Unterrichtseinheiten, die idealerweise jeweils in Doppelstunden stattfinden sollten. Es ist für jede Jahrgangsstufe der Sekundarstufe I geeignet, das Schwierigkeitsniveau der Aufgaben müsste jedoch je nach Jahrgang und Leistungsniveau der Schüler variiert werden. Die folgende Tabelle gibt einen Überblick über die Inhalte der Unterrichtseinheiten (die zugehörigen Aufgaben im Anhang sind exemplarisch ausgewählt[41], modifiziert und mit Unterstützungen ausgearbeitet).

---

[41] Originalaufgaben stammen aus:

Bruder, R./ Collet, C. (2001): Problemlösen lernen im Mathematikunterricht. Berlin: Cornelsen.

Leuders, T./ Hefendehl-Heebeker, L./ Weigang, H.G. (2009): Mathemagische Momente. Berlin: Cornelsen.

Lambacher Schweizer 8 (2007): Mathematik für Gymnasien, Ausgabe A, Ernst Klett Verlag.

*Hinweis: Die Aufgaben im Anhang wurden aus urheberrechtlichen Gründen entfernt.*

| Unterrichtseinheit á 90 Min. | Inhalt der Unterrichtseinheit | Sozialformen |
|---|---|---|
| **1. Einheit** | **Einstieg in das Training und Einführung heuristischer Strategien (Aufgaben in Anhang 1)** | |
| | Vorstellung der Ziele und Inhalte des Trainings in der Klasse | Plenum |
| | Einführung der Problemlösestrategien Vorwärts- und Rückwärtsarbeiten | Plenum |
| | Übungsphase | Einzelarbeit |
| | Lernprotokoll | Einzelarbeit |
| **2. Einheit** | **Übungsphase: Vorwärts- und Rückwärtsarbeiten (Aufgaben in Anhang 2)** | |
| | Erarbeitung einer Aufgabe zum Vorwärts- und Rückwärtsarbeiten | Plenum |
| | Hilfsfragen, Steckbriefe zu den Strategien | Plenum |
| | Übungsphase mit Beispielaufgaben | Partnerarbeit |
| | Lernprotokoll | Einzelarbeit |
| **3. Einheit** | **Kombination Vorwärts- und Rückwärtsarbeiten, Einführung systematisches Ausprobieren (Aufgaben in Anhang 3)** | |
| | Erarbeitung einer Aufgabe zur Kombination von Vorwärts- und Rückwärtsarbeiten | Einzelarbeit |
| | Erarbeitung einer Aufgabe zum systematischen Ausprobieren | Plenum |
| | Übungsphase mit Wahlaufgaben | Einzelarbeit |
| | Lernprotokoll | Einzelarbeit |
| **4. Einheit** | **Wiederholung, Erweiterung auf neue Kontexte (Aufgaben in Anhang 4)** | |
| | Wiederholung aller bisherigen Strategien | Gruppenarbeit |
| | Neue Anwendungsfelder | Gruppenarbeit |
| | Zusammenfassung und Abschluss des Trainings (Feedback) | Plenum |

Diese Zusammenstellung erfolgte auf Grundlage des Modells zum Erwerb heuristischer Strategien nach Bruder.

1. Einheit: In der ersten Phase liegt der Fokus auf allgemeine heuristische Strategien mit den Teilhandlungen des Problemlösens. Die Lernenden lernen durch die Anleitung der Lehrkraft zunächst die allgemeinen Strategien des Vorwärts- und Rückwärtsarbeitens kennen. Es ist wichtig, dass sie die Hürden in den Aufgaben bewusst wahrnehmen und ein systematisches Vorgehen als notwendig erkennen, um die Aufgabe lösen zu können. Das Ziel ist, dass sie lernen, ihr Vorgehen zu planen und zum aktiven Entdecken der Teilhandlungen des Vorwärts- und Rückwärtsarbeitens angeleitet werden. Diese sind nämlich für alle weiteren heuristischen Prinzipien grundlegend.

2. Einheit: Auf dieser Basis geht es dann im zweiten Schritt darum, anhand von exemplarischen Problemlöseaufgaben die allgemeinen Prinzipien einzuüben. Um die Bewusstmachung des Vorgehens bei der Bearbeitung der Problemstellung zu unterstützen, werden Hilfsfragen eingesetzt und Steckbriefe zu den beiden Strategien erarbeitet. Es ist wichtig, dass die Lernenden in den jeweiligen Unterrichtsstunden die Strategien selbstständig intensiv üben.

3. Einheit: Die dritte Phase dient dem vertieften Üben. Sie sollen differenzierte Aufgaben mit unterschiedlichem Schwierigkeitsniveau ausprobieren und die Strategien Vorwärts- und Rückwärtsarbeiten miteinander kombinieren. Außerdem wird hier das systematische Ausprobieren eingeführt, das die bereits bekannten Heurismen unterstützt und deren Anwendung auffrischt. Das Ziel ist die zeitweilig bewusste Anwendung der neu kennengelernten Strategien an geeigneten Aufgaben.

4. Einheit: Am Ende der Unterrichtseinheit ist es wichtig, dass die Schüler neue erweiternde Anwendungsfelder kennenlernen. Sie sollen die erlernten Strukturen auf andere mathematische Kontexte anwenden. Alle bisherigen Trainingsinhalte sollen wiederholt, zusammengefasst, festgehalten und insgesamt das Problemlösetraining reflektiert und abgeschlossen werden.

Nach jeder Unterrichtsstunde sollen die Schüler ihre Erkenntnisse, Vorgehensweisen, Anwendungsbereiche und mögliche Fehler in ihrem Lerntagebuch mithilfe eines Lernprotokolls (s. Anhang 5) schriftlich festhalten und reflektieren. Dies ist wichtig, damit sie ihr Lernverhalten selbst planen, kontrollieren und regulieren lernen. Die gewählten Sozialformen variieren je nach Unterrichtsziel. Für neue heuristische Strategien eignet sich das gemeinsame Arbeiten im Plenum (direkte Förderung). Einzelarbeitsphasen dienen der Festigung des Gelernten. In Kleingruppen sollen Diskussionen stattfinden, sodass die Schüler über ihre Vorgehensweisen, Probleme und Ideen in einen Austausch kommen.

## 4. Diskussion und Ausblick

*Hilf mir, es selbst zu tun! (Maria Montessori)*

Lernstrategien sind für die Fähigkeit zum autonomen Lernen eine wichtige Notwendigkeit. So bildet das Verfügen über Lernstrategien neben dem Fachwissen eine wichtige Voraussetzung. Daraus leitet sich das Bildungsziel ab, dass Lernstrategien neben fachbezogenen Kompetenzen gleichwertig ein Teil der Wissensvermittlung sein sollten. Die Förderung und Entwicklung von Lernstrategien sollte deshalb innerhalb des Schulsystems auf verschiedenen Ebenen angestrebt werden.

Die Auseinandersetzung mit dieser Thematik hat gezeigt, dass das Lehren von Lernstrategien gezielt an die Hand genommen werden muss. Die systematische Arbeit an der Fähigkeitsentwicklung der Schüler erfordert ein hohes Maß an pädagogischer Arbeit vom Lehrer. Er muss über detaillierte und konkrete Vorstellungen von den Zielen und Teilzielen der Entwicklung geistiger Fähigkeiten verfügen, um sie in der täglichen Unterrichtsarbeit möglichst konsequent verwirklichen zu können. Bevor er die Ziele und die Maßnahmen für die Strategieentwicklung im Einzelnen festlegen kann, muss er den Entwicklungsstand seiner Schüler ermitteln, um die *Zone der nächsten Entwicklung (Wygotski)* zu erkennen. Darauf basierend muss der Lehrer die notwendigen Maßnahmen festlegen (z.B. Zielangaben, Instruktionen, Aufgabenstellungen, Hilfen und Reihenfolge der Handlungen usw.). Bei der Planung der Ziele darf nicht nur die einzelne Unterrichtsstunde gesehen werden, sondern es gilt, die Gesamtheit und den Zusammenhang aller Unterrichtsstunden, die für die Vermittlung der Stoffgebiete zur Verfügung stehen müssen, zu beachten. Der Lehrer muss überdies über ein umfangreiches Wissen pädagogischer Maßnahmen verfügen, um die dem jeweiligen Entwicklungsstand und den jeweiligen Teilzielen adäquaten Schritte bestimmen zu können. Insgesamt verlangt der Aufbau von Lernstrategien, dass die Lernenden allmählich lernen, ihr eigenes Lernverhalten zu steuern. Der Lehrer solle hierfür von der Außensteuerung allmählich zur Innensteuerung hinarbeiten. Die intensive Arbeit an der Lernstrategieentwicklung wird dazu beitragen, dass sich die Schüler dauerhafte Kenntnisse aneignen und stabile Einstellungen zum Lernen entwickeln.

Als Voraussetzung für die Verbesserung der Unterrichtsgestaltung durch die Lehrer ergeben sich gleichzeitig einige Konsequenzen für die Schulbücher und Arbeitsmaterialien. Bei der Gestaltung dieser Unterrichtsmaterialien müsste in wesentlich stärkerem Maße als bisher der Aspekt der Lernstrategievermittlung beachtet werden; sie sollten so vielfältig gestaltet sein, dass die Lernenden stärker dazu angeregt und auch dazu angehalten werden, auch verschiedene Lernstrategien einzusetzen.

Es bleibt die Frage offen, durch welche organisationsbezogenen Maßnahmen die Entwicklung von Lernstrategien angestoßen und wirksam unterstützt werden können. Dazu könnten z.B. Schulprogrammarbeit, Fortbildungen und generell auf Strategieentwicklung gerichtete Aktivitäten in Betracht gezogen werden.

Ausgangspunkt und Grundlage aller schulischen und unterrichtlichen Bemühungen, Lernstrategien zu lehren, muss dabei die folgende pädagogische Grundhaltung sein: Die Schüler sollen zu selbstständigem Lernen hin entwickelt und gefördert werden, wozu sie ein breites Repertoire an Lernstrategien erwerben sollen. Die Schule als Ganzes und jeder einzelne Lehrer sollte bereit sein, dies als Bildungsauftrag zu akzeptieren und verknüpft mit den fachspezifischen Zielen zu verfolgen.

# 5. Literaturverzeichnis

Artelt, C. (2000). Strategisches Lernen. Münster: Waxmann.

Artelt, C. et al. (2004). Das Lernen lernen - Voraussetzungen für lebensbegleitendes Lernen – Ergebnisse von Pisa 2000. OECD.

Artelt, C./ Moschner, B. (2005). Lernstrategien und Metakognition: Implikationen für Forschung und Praxis. München/Berlin: Waxmann.

Artelt, C./ Wirth, J. (2014). Kognition und Metakognition. In: Seidel t./Krapp, A. (Hrsg.): Pädagogische Psychologie, 6. Aufl. Weinheim/Basel: Beltz, 167–192.

Blum, W. et al. (2006). Bildungsstandards Mathematik: konkret – Sekundarstufe I: Aufgabenbeispiele, Unterrichtsanregungen, Fortbildungsideen. Berlin: Cornelsen

Bruder, R. (2002). Lernen, geeignete Fragen zu stellen. Heuristik in Mathematikunterricht. In: mathematik lehren 115, Friedrich Verlag.

Bruder, R. (2006). Langfristiger Kompetenzaufbau. In: Blum, W. et al. (Hrsg.): Bildungsstandards Mathematik: konkret. Sekundarstufe I: Aufgabenbeispiele, Unterrichtsanregungen, Fortbildungsideen. Berlin: Cornelsen Scriptor, S.135-151.

Bruder, R./ Müller, H. (1990). Heuristisches Arbeiten im Mathematikunterricht beim komplexen Anwenden mathematischen Wissens und Können. Mathematik in der Schule, 28 (12).

Edelmann, W. (2000). Lernpsychologie. 6. Aufl. Weinheim: Beltz.

Gruber, H./ Stamouli, E. (2015). Intelligenz und Vorwissen. In: Wild, E./ Möller, J. (Hrsg.): Pädagogische Psychologie, 2.Auflage, Heidelberg: Springer.

Hellmich, F. (2006). Gewusst wie – Lernstrategien von Kindern. In: Zeitschrift für Grundschule. Lernstrategien erkennen und fördern. Westermann, Ausgabe Juli, Heft 7-8.

Holzäpfel, L. et al. (2009). Lerntagebücher im Mathematikunterricht: Diagnose und Förderung von Lernstrategien. In: M. Neubrand (Ed.), Beiträge zum Mathematikunterricht, 659-662, Münster: Martin Stein.

Klauer, K.J./ Leutner, D. (2012). Lehren und Lernen – Einführung in die Instruktionspsychologie. Weinheim: Beltz.

Krapp, A. (1993). Lernstrategien: Konzepte, Methoden und Befunde. Zeitschrift für Lernforschung. 21. Jahrgang, Heft 4, 291-311.

Leopold, C./ Leutner, D. (2002). Der Einsatz von Lernstrategien in einer konkreten Lernsituation bei Schülern unterschiedlicher Jahrgangsstufen. In: Prenzel, M. (Hrsg.): Bildungsqualität von Schule: Schulische und außerschulische Bedingungen mathematischer, naturwissenschaftlicher und überfachlicher Kompetenzen. Weinheim: Beltz (Zeitschrift für Pädagogik, Beiheft 45).

Lompscher, J. (1975). Theoretische und experimentelle Untersuchungen zur Entwicklung geistiger Fähigkeiten. Berlin: Volk und Wissen.

Mandl, H./ Friedrich, H.F. (2006). Lernstrategien: Zur Strukturierung des Forschungsfeldes. In: Friedrich, H.F./ Mandl, H.: Handbuch Lernstrategien. Göttingen: Hogrefe.

Murayama, K.; Pekrun, R., Lichtenfeld, S. and vom Hofe, R. (2013). Predicting Long- Term Growth in Students' Mathematics Achievement: The Unique Contributions of Motivation and Cognitive Strategies. In: Child Development Volume 84, Issue 4, S. 1475 – 1490, July/August 2013.

Nückles, M./ Wittwer, J. (2014). Lernen und Wissenserwerb. In: Seidel, T./ Krapp, A. (Hrsg.): Pädagogische Psychologie, 6.Auflage, Weinheim/Basel: Springer, 225-252.

Pierre-Yves, M./ Nicolaisen, T. (2015). Einführung und Grundlagen. In: Pierre-Yves, M./ Nicolaisen, T.: Lernstrategien fördern - Modelle und Praxisszenarien. Weinheim: Beltz Juventa.

Seidel, T. (2003). Lehr- und Lernskripts im Unterricht. Münster: Waxmann.

Wild, K.P., Schiefele, U. (1994). Lernstrategien im Studium. Ergebnisse zur Faktorstruktur und Reliabilität eines neuen Fragebogens. Zeitschrift für Differentielle und Diagnostische Psychologie.


Quellen des Arbeitsmaterials:

Bruder, R./ Collet, C. (2001): Problemlösen lernen im Mathematikunterricht. Berlin: Cornelsen.

Lambacher Schweizer 8 (2007): Mathematik für Gymnasien, Ausgabe A, Ernst Klett Verlag.

Leuders, T./ Hefendehl-Heebeker, L./ Weigang, H.G. (2009): Mathemagische Momente. Berlin: Cornelsen.

# 6. Anhang

*Anhang 1*

Einstiegsaufgabe Vorwärts- und Rückwärtsarbeiten

*Anhang 2*

Musteraufgabe zum Vorwärts- und Rückwärtsarbeiten, Steckbrief

*Anhang 3*

Aufgabe zur Kombination von Vorwärts- und Rückwärtsarbeiten

Wahlaufgaben

*Anhang 4*

Aufgaben mit neuen Anwendungsfeldern

*Anhang 5*

Lernprotokoll für das Lerntagebuch

*Die Aufgaben im Anhang wurden aus urheberrechtlichen Gründen entfernt.*